Evelyn Bäumler

Der hundertjährige Kalender. Entstehung und Deutung

GRIN Verlag

Bibliografische Information der Deutschen Nationalbibliothek:

Die Deutsche Bibliothek verzeichnet diese Publikation in der Deutschen National-
bibliografie; detaillierte bibliografische Daten sind im Internet über http://dnb.d-
nb.de/ abrufbar.

Impressum:

Copyright © 2012 GRIN Verlag GmbH
Druck und Bindung: Books on Demand GmbH, Norderstedt Germany
ISBN: 978-3-656-63889-6

Dieses Buch bei GRIN:

http://www.grin.com/de/e-book/272311/der-hundertjaehrige-kalender-entstehung-
und-deutung

GRIN - Your knowledge has value

Der GRIN Verlag publiziert seit 1998 wissenschaftliche Arbeiten von Studenten, Hochschullehrern und anderen Akademikern als eBook und gedrucktes Buch. Die Verlagswebsite www.grin.com ist die ideale Plattform zur Veröffentlichung von Hausarbeiten, Abschlussarbeiten, wissenschaftlichen Aufsätzen, Dissertationen und Fachbüchern.

Besuchen Sie uns im Internet:

http://www.grin.com/

http://www.facebook.com/grincom

http://www.twitter.com/grin_com

Der hundertjährige Kalender

Hausarbeit im Seminar

Raum und Zeit als zentrale Dimensionen kindlicher Welterschließung

Universität Erfurt

Fachbereich: Grundschulpädagogik / Kindheitsforschung

Fach: Pädagogik und Didaktik des Sachunterrichts

Modul:

PdK 235 # 2 Vertiefung und Synthese fachwissenschaftlicher Dimensionen der
Welterschließung im sozialwissenschaftlichen Kontext

vorgelegt von:	Evelyn Bäumler
Studienrichtung	Pädagogik der Kindheit
Fachsemester:	4
Referat:	Nein

28.08.2012

Der hundertjährige Kalender

Inhaltsverzeichnis

1 Einleitung

Der Hundertjährige Kalender ist vielen Menschen in der heutigen Zeit bekannt. Er soll Voraussagen über das Wetter machen können und den Menschen so bei ihrer Aussaat und Ernte helfen. Die folgende schriftliche Arbeit bezieht sich auf die Entstehung, Deutung und Anwendung des Kalenders und klärt, was dieser mit bestimmte Perioden in der Zeit und gewissen Räumen und Gebieten zu tun hat. Zudem werden folgende Fragen geklärt: Wie werden seine Wettervorhersagen begründet? Kann man diesen Kalender ernst nehmen?

2 Definitionen und Begriffe

2.1 Der hundertjährige Kalender

„Wetterkalender von 1701 für die nächsten hundert Jahre, der auf Wetterbeobachtungen des Abtes M. Knauer aus Bamberg 1652-1658 beruht. Der H.K. nimmt an, dass sich das Wetter nach Ablauf eines siebenjährigen Pflanzenzyklus wiederhole."[1]

Dieses Werk wurde von dem Arzt und Autor Christoph Hellwig (1663-1721, seit 1716: von Hellwig) herausgegeben.[2] Bis in die heutige Zeit folgten einige Nachdrucke und angelehnte Werke.

2.2 „Calendarium oeconomicum practicum perpetuum"

Das Wettertagebuch, die Schrift, in welcher Knauer seine Wetterbeobachtungen und Vorhersagen zusammenfasste, nannte er: „Calendarium oeconomicum practicum perpetuum".

Der Begriff ist lateinisch und bedeutet: „Fortwährender Kalender der landwirtschaftlichen Praxis"[3] oder „immerwährender praktischer Wirtschaftskalender"[4]. Knauer selbst bezeichnete ihn auch als „beständiger Hauskalender"[5].

2.3 „hundertjährig"

Dass der Kalender als hundertjähriger Kalender bezeichnet wird, bedeutet nicht, dass das Wetter sich alle hundert Jahre wiederholt. Dr. Hellwig nannte den von ihm herausgegebenen Kalender „hundertjährig". Er war der Meinung, die Zahl 100 würde für die Menschen seiner Zeit geradezu unendlich wirken.[6]

---

1 Vgl. Neues Grosses Lexikon A-Z 1999, S. 384
2 Vgl. Herr 1998, S. 17
3 Zitat: www.simsforfans.de
4 Zitat: Blay 1995, S. 10
5 Siehe Fußnote 4
6 Siehe Fußnote 2

3 Entstehung

Im Wesentlichen kann man den „hundertjährigen Kalender" dem Abt Mauritius Knauer zuschreiben. Obwohl er nie einen Kalender unter diesem Namen herausgab, liegt dieser Kalender im Großen und Ganzen den Forschungen des Abtes zu Grunde.

Mauritius Knauer wurde am 14. März 1613 mit dem Namen Moritz Knauer geboren. In seinem Leben war er vielseitig interessiert und widmete als Mönch Mauritius sein Leben einerseits Gott und andererseits der Wissenschaft. Er wurde mit 33 Jahren Prior im Kloster Langheim und 1648 zum Doktor der Theologie.

Ein großer Interessenpunkt seiner Wissenschaft war die Astrologie, die Sternenkunde. Knauer beobachtete Nächte lang den Lauf der Sterne in einem Observatorium, welches er zu diesem Zweck in Langheim errichten ließ. Er glaubte an den mittelalterlichen Grundsatz, dass alles auf der Welt vom Lauf der Sterne festgelegt sei. Seiner Meinung nach gab es noch unerforschte Rhythmen im Kosmos, welche bestimmte Gegebenheiten und Zusammenhänge der Landwirtschaft, wie Erfolg von Aussaat und Ernte, Gefahr von Unwettern, Abwechslung von Sonnenschein und Schnee und anderem bestimmen würden. Deshalb beobachtete er ebenso das Wetter und seine verschiedenen Phänomene.

Somit entschied sich der Abt dafür, einen neuen Kalender zu entwickeln. Seine Beobachtungen notierte er in einem Wettertagebuch, dem „Calendarium oeconomicum practicum perpetuum". Dabei stellte er Zusammenhänge zu den verschiedenen Planeten fest, die, seiner Meinung nach, in bestimmten Zeiträumen eine Region und ihr Wetter regieren. Seine Intention war es damit den Bauern, die in der Umgebung seines Klosters lebten, wichtige Hinweise zur landwirtschaftlichen Nutzung geben. Dabei wollte er den besten Zeitpunkt für Aussaat und Ernte bestimmen. (Nach seiner Meinung...)kann ebenso die Gesundheit von Mensch und Tier durch den Einfluss von Winden bestimmt werden. Dies wollte er ebenfalls durch Beobachtungen erforschen und versuchen Krankheiten zu bekämpfen.

Am 9. November 1664 starb Mauritius Knauer. Seine Wetterbeobachtungen wurden teils auch über seine fränkische Heimat und sogar über Deutschland hinaus als Grundlage für die Landwirtschaft benutzt. Natürlich mussten die Regeln und Gesetze, die er beschrieb, auf die jeweiligen Regionen angepasst werden.

Ungefähr 40 Jahre nach Knauers Tod wurden die ersten Ausgaben seines Kalenders, genannt „immerwährender Kalender", veröffentlicht.

1701 veröffentlichte Dr. Hellwig den ersten „hundertjährigen Kallender".[7]

---

7 Vgl. Herr 1998, S. 12-17

4 Deutung

4.1 Grundsätze des Kalenders

Mauritius Knauer legte 2 Grundsätze fest, auf die sich seine Aufzeichnungen stützen und beziehen.

Der erste Grundsatz lautet: „Weil alles Untergeordnete vom Einfluß des Übergeordneten bestimmt wird, ist alles Leben und Wachstum auf der Erde vom Walten des Himmels und der Gestirne abhängig."[8]

Grundsatz 2: „Die größere Wirkung geht immer von den Planeten aus. Ihr Einfluß überwiegt den der Tierkreiszeichen, sofern er nicht durch eine Sonnenfinsternis oder durch das Auftauchen eines Kometen gestört wird"[9]

4.2 Bedeutung der Planeten

Laut Mauritius Knauer beinhaltet eine Periode, bestimmt durch die Planeten, sieben Jahre. Jeweils zum Frühlingsbeginn am 21. März übernimmt ein anderer Planet von seinem Vorgänger den Einfluss auf das Wetter[10]. Somit beginnt ein neues Planetenjahr immer am 21. März und endet am 20.März im darauffolgenden Kalenderjahr.

2007 begann ein Jahr des Saturn. Alle darauffolgenden Jahre sind den folgenden Planeten in dieser Reihenfolge zugeordnet: Jupiter, Mars, Sonne, Venus, Merkur und Mond[11]. Streng genommen sind die Sonne und der Mond keine Planeten. Die Sonne ist ein Stern, der durch seine Masse die Planeten in kreisähnlichen Bahnen hält[12]. Ein Mond ist ein Trabant oder Satellit eines Planeten[13]. Mit dem hier genannten Mond ist der Erdenmond gemeint.

Nach dem Jahr des Mondes beginnt wieder ein Jahr des Saturns. Hierdurch ergibt sich gibt es einen Siebenjahres- Rhythmus. Die Zahl 7 nimmt in der Geschichte eine besondere Rolle ein. In den verschiedensten Völkern wird die Zahl als Grundordnungszahl des Kosmos verstanden[14]. In der Bibel ist die 7 eine Heilige Zahl. Sie beruht auf der an jedem siebten Tag eintretenden Mondphase und wird als „heilig" bezeichnet, wegen dem ältesten heiligen Mondfest, dem Sabbath[15]. In der Schöpfungsgeschichte wird beschrieben, dass Gott die Welt in sieben Tagen erschuf und am 7. Tag ruhte. Somit wurde dieser Tag zum Ruhetag erklärt, an dem man den heiligen Sabbath feiern sollte[16]. Es gibt die Sieben-Tage-Woche, die sieben Tugenden,

8   Zitat: Blay 1995, S. 11
9   Zitat: Blay 1995, S. 12
10 Vgl. Blay 1995, S. 9
11 Vgl. Blay 1995, S. 14-15
12 Vgl. Baumann/ Emmrich & Schneider-Nicolay 2002, PHO-Z S. 269
13 Vgl. Baumann/ Emmrich & Schneider-Nicolay 2002, GP-PHNOM S. 424
14 Vgl. Allgeier 1983, S. 19
15 Vgl. Gerritzen 1990, S. 498
16 Vgl. Die Bibel 1999, S. 3-4

die sieben Todsünden und die sieben Siegel des Buches der Zukunft in der Apokalypse. Doch nicht nur in der Bibel lässt sich diese Zahl finden, auch in Märchen spielt sie oft eine große Rolle: Die sieben Raben, die sieben Zwerge, die sieben Geißlein.[17]

Zu der Zeit Knauers waren die Planeten Neptun, Uranus und Pluto noch nicht entdeckt und somit gab es sieben beobachtete bedeutsame Himmelskörper. Da die heilige Zahl 7 schon immer eine besondere Bedeutung besaß, war es naheliegend, dass der Mönch in den sieben Himmelskörpern etwas Außergewöhnliches sah. Außerdem sind moderne Astrologen der Meinung, dass die drei neu entdeckten Planeten so weit von der Erde entfernt sind, dass sie keinen entscheidenden Effekt auf die Geschehnisse der Erde ausüben könnten[18]. Den beobachteten „sieben Leuchten" ordnete Knauer dann jeweils ein Jahr zur Herrschaft zu. Die Vorstellung von der Regentschaft von sieben wandelnden Himmelskörpern über die Jahre reicht aber noch weiter zurück, über das Mittelalter bis zum alten Babylon. Und nicht nur die Jahre, sondern auch die Tage und Stunden wurden den Regenten zugeordnet.[19]

4.2.1 Saturn ♄

Dem Saturn ist der Samstag zugeordnet (englisch: *Saturday*)[20].

Im allgemeinen ist ein Saturnjahr häufig feucht und kalt. In vielen Monaten kann es auch trocken sein, aber vor allem der August und der gesamte Herbst sind sehr stark verregnet.

Der Saturn benötigt 30 Jahre um seinen Lauf zu vollenden[21]. Der Planet gilt als männlich, melancholisch, irdisch und böse. Für die menschliche Natur gilt er somit als schädlich. Menschen, die seiner Regentschaft unterliegen, also in einem Saturnjahr geboren wurden oder das Sternzeichen Steinbock besitzen, weisen unter anderem Eigenschaften, wie Schreckhaftigkeit, Trauer oder Geiz auf. Durch seine langsamen Bewegungen, werden auch seine Auswirkungen auf Mensch und Natur als ausdauernd und nachdrücklich beschrieben. Man nennt ihn auch „infortuna major", das große Unglück.[22]

4.2.2 Jupiter ♃

Der Donnerstag ist der Tag des Zeus (Römischer Gott) oder auch des Jupiter

---

17 Siehe Fußnote 14
18 Vgl. Herr 1998, S. 28
19 Vgl. Allgeier 1983, S. 19-20
20 Vgl. Allgeier 1983, S. 20
21 Vgl. Herr 1998, S. 47
22 Vgl. Allgeier 1983, S. 96

(Griechischer Gott, entspricht Zeus)[23].

Meistens ist es in einem Jupiterjahr warm und eher feucht als trocken. Auf einen kalten, feuchten Frühling folgt ein Sommer, der ebenso beginnt, gegen Mitte warm und gewitterreich wird und zum Ende hin ziemlich heiß wird. Der Herbst ist sehr feucht und verregnet. Mit viel Schnee und Kälte beginnt der Winter und endet eher mild, windig und ohne Schnee.

Der Saturn ist sein Vorgänger und die Kälte seines Winters wirkt noch lange nach. Somit kann es sein, dass sich die Vegetation und auch das Reifen der Früchte in einem Jupiterjahr um zwei bis drei Wochen nach hinten verschiebt. Der Saturn ist groß und vollendet seinen Lauf alle zwölf Jahre. Das bedeutet, dass er jeweils ein Jahr über einem Tierkreiszeichen wacht. Er wird beschrieben als warm, feucht, heiter, ansprechend und luftig. Er ist männlich und für die menschliche Natur positiv. Menschen unter seinem Einfluss sind meist freigiebig, treu, gerecht, reich und besitzen eine gute Gestalt und ein gutes Gemüt. Negative Eigenschaften könnten Prunksucht und ein hochfahrendes Wesen sein. Der Jupiter wird „fortuna major", das große Glück genannt.[24] Der Jupiter ist der Herrscher über das Tierkreiszeichen Schütze[25].

4.2.3 Mars ♂

Der Dienstag ist der Tag des Mars (französisch: *mardi*)[26].

Ein Jahr des Mars ist von Hitze und Trockenheit geprägt[27]. Der Mars bringt einen rauen kalten Frühling, den heißesten Sommer, einen wechselhaften Herbst und einen späten, kalten, trockenen Winter.

Der Planet ist ein männlicher Planet, welcher bei den Menschen als Kriegsstifter fungiert. Der Mars ist der Planet des Krieges und kann im Menschen Tyrranei, Gewalttaten oder andere Rohheiten auslösen. Er stiftet Zank und Zwiespalt, weswegen er auch „infortuna minor", das kleinere Übel, genannt wird.[28] Er herrscht über das Sternzeichen Widder[29].

4.2.4 Sonne ☉

Der Sonne ist der Sonntag zugeordnet[30].

---

23 Siehe Fußnote 20
24 Vgl. Allgeier 1983, S. 113-115
25 Vgl. wiki.astro.com
26 Siehe Fußnote 20
27 Vgl. Herr 1998, S. 29
28 Vgl. Allgeier 1983, S. 129-131
29 Siehe Fußnote 25
30 Siehe Fußnote 20

Im Jahr der Sonne ist mit mittlerer Wärme und einer gewissen Trockenheit zu rechnen [31]. Der Frühling ist zunächst wechselhaft, vor allem im April, wird dann aber schön und trocken. Es folgt Kälte und Frost bis in den Juni hinein. Heiße Tage und kalte Nächte bringt der Sommer, in dem mit großer Dürre zu rechnen ist. Im Herbst werden die Tage angenehm warm und trocken. In den Nächten ist aber schon mit Frost zu rechnen. Der Winter beginnt ebenfalls eher trocken und nicht übermäßig kalt, endet aber mit großer Kälte, die bis in den März dauern kann.

Die Sonne steht für das Leben in der Welt. In ihrem Lauf wird sie von der Venus begleitet. Auch die Natur der Sonne ist männlich. Da sie entweder günstige oder ungünstige Aspekte bringen kann, kann die Sonne als guter, aber auch als böser Planet gelten. Menschen unter ihrem Einfluss gelten unter anderem als stark, fromm, bedachtsam, groß und geehrt.[32] Das Sternzeichen Löwe unterliegt der Sonne.

4.2.5 Venus ♀

Freitag ist der Venus unterstellt (französisch: *vendredi*)[33].

Das Venusjahr zeichnet sich durch Wärme und Feuchtigkeit aus[34]. Es ist oft schwül und warm. Der späte Frühling ist feucht und warm. Das ist günstig für alle Früchte. Es folgt ein warmer, schwüler Sommer. Allerdings kann es auch zu Dürren kommen, wenn in der Zeit von Februar bis Mai eine Sonnenfinsternis oder im Vorjahr ein Komet zu sehen ist. Der Herbst beginnt schön und warm, wird dann aber schnell kälter und lässt den Winter früh beginnen. Dieser ist anfangs trocken und wird dann ziemlich feucht. Es kann zu heftigen Regengüssen und Überschwemmungen kommen.

Die Venus wird als „fortuna minor" bezeichnet, das bedeutet „das kleine Glück". Dieser weibliche Planet gilt als durch und durch gütig. Nach Abt Mauritius Knauer macht die Venus die Menschen gütig, sanftmütig, freundlich und höflich. Allerdings sind die Menschen unter ihrem Einfluss oft den Wollüsten ergeben. Frauen schenkt die Venus Schönheit. Der Venus unterstehen die Tierkreiszeichen Stier und Waage.[35]

4.2.6 Merkur ☿

Der Merkur gehört zu dem Tag Mittwoch (französisch: *mercredi*)[36].

Ein Merkurjahr ist wechselhaft, unbeständig, meistens kalt und eher trocken als feucht. Auf einen zumeist warmen Frühling folgt ein verregneter Sommer. Der Herbst ist meist

---

31 Siehe Fußnote 27
32 Vgl. Allgeier 1983, S. 145-147
33 Siehe Fußnote 20
34 Vgl. Herr 1998, S. 30
35 Vgl. Allgeier 1983, S. 161-163
36 Siehe Fußnote 20

trocken und der Winter ziemlich kalt.

Die Natur des Merkur ist kalt, trocken, unbeständig und veränderlich. Jährlich vollendet er seinen Lauf. Es heißt er passe sich den Gestirnen an, mit denen er zusammentrifft. Er kann somit männlich, böse oder unglücklich sein, aber auch gut, hitzig oder feucht. Die Menschen, auf die er einwirkt, macht er beispielsweise unbeständig, verschlagen, diebisch, unruhig, fleißig oder nicht offenherzig. Zu ihm gehören die Tierkreiszeichen Zwillinge und Jungfrau.[37]

4.2.7 Mond ☽

Dem Mond ist der Montag zugeordnet[38].

Ein Mondjahr wird zumeist kalt und feucht[39]. Der Frühling ist feucht und wenig warm. Der Sommer kann große Hitze bringen, die allerdings nicht allzu lange anhält. Auf einen kalten, feuchten und unbeständigen Herbst folgt ein feuchter Winter. Dieser Winter ist aber meist nicht kalt genug für Schnee und somit gibt es häufig Regen.

Der Mond ist der sogenannte „unterste Planet". Der Mond gilt als weiblich[40]. Er vollendet seinen Lauf alle 28 Tage, 7 Stunden und 45 Minuten. Die Mondnatur macht die Menschen unbeständig, arbeitsam und unruhig. Diese Menschen wollen reisen und in Bewegung bleiben. Zudem regiert der Mond alle Gewässer, wie das Meer, Flüsse, Seen und über die Gezeiten. Zudem hat er auch Einfluss auf Teile des menschlichen Körpers, wie das Gehirn. Ihm unterliegt das Sternzeichen Krebs.[41]

Der Mond hat eine besondere Bedeutung, da er der Erde am nächsten steht. Entscheidend ist dabei, der Stand des Mondes, ob es ein zu- oder abnehmender Mond ist und ob Neumond oder Vollmond herrscht. So beeinflusst der Mond die Gezeiten und das Wetter. Bei zunehmenden Mond wird alles begünstigt, was zugeführt wird. Das wäre zum Beispiel ein gesundes Essen für den Körper. Der Vollmond steht für Gefühle und Emotionen und hilft bei Entscheidungen und Umschwüngen. Beim abnehmenden Mond wird alles Abgegebene begünstigt. Der Körper soll beispielsweise von Schädlichem gereinigt werden. Der Neumond hilft bei allem, was mit einem Neuanfang zu tun hat.[42]

4.3 Bedeutung von Sonnenfinsternis, Mondfinsternis und Kometen

Es findet eine Sonnenfinsternis statt, wenn der Mond sich so vor die Sonne schiebt,

---

37 Vgl. Allgeier 1983, S. 57-59
38 Siehe Fußnote 20
39 Siehe Fußnote 27
40 Vgl. Herr 1998, S. 40
41 Vgl. Allgeier 1983, S.77-79
42 Vgl. Herr 1998, S. 88-91

dass diese von ihm verdeckt wird. Zur Zeit Knauers, war dieses Phänomen wissenschaftlich noch nicht erklärbar und galt als Fingerzeig Gottes. Knauer beobachtete, dass auf eine Sonnenfinsternis, die in seiner Heimat zu beobachten war, erst Regen und danach eine Dürre folgt.

Eine Mondfinsternis verstärkt den Einfluss der Jahresregenten. Diese Folgen können je nach vorherrschendem Planet sowohl positiv als auch negativ sein und halten dreieinhalb Monate an.

Knauer war davon Überzeugt, dass ein paar Tage nach der Erscheinung eines Kometen immer Regen und darauf Trockenheit folgen würde. Ein Jahr nach dem Auftauchen sollte, seiner Meinung nach, mit einer sehr guten Weinlese zu rechnen sein.[43]

5 Anwendung

Knauer wollte mit seinem Kalender den Bauern in seiner Umgebung helfen, dass diese durch das Ausnutzen der Wetterverhältnisse das Optimale aus ihrer Landwirtschaft heraus holen konnten. Dabei ging es nicht darum das Wetter auf den Tag genau bestimmen zu können.[44] Zudem ist es wichtig zu erwähnen, dass sich seine Vorhersagen nur auf die Gebiete beziehen ließen, in denen er seine Beobachtungen durchführte. Um in anderen Gebieten Voraussagen über das Wetter machen zu können, müssen die Planeten, Kometen und Gegebenheiten der Sterne, der Sonne und des Mondes individuell gedeutet werden.

Der Hundertjährige Kalender kann, nach dem heutigen Stand der Meteorologie, keine zuverlässigen und genauen Aussagen über das Wetter zu einer bestimmten Zeit, an einem bestimmten Ort machen. Übereinstimmungen werden heute häufig auf Zufälle zurückgeführt.

Jede Ausgabe des Hundertjährigen Kalenders ist somit kritisch zu betrachten. Dennoch kann man diesen Kalender nicht als bloßen Aberglauben abtun. Selbst wenn die Theorien des Abtes Mauritius Knauer heute als veraltet scheinen, beruhen sie auf intensiver Forschung und ausgiebigen Beobachtungen.

---

43 Vgl. Herr 1998, S. 93-97
44 Vgl. Blay 1995, S. 10

Literaturverzeichnis

Allgeier, K. (1983): Der original 100jährige Kalender - calendarium oeconomicum practicum perpetuum von Abt. Dr. Mauritius Knauer. München: Heyne Verlag

Baumann R.,Emmrich U., Schneider-Nicolay B. (2002): Der Brockhaus von A-Z in drei Bänden. Augsburg: Weltbild

Blay, E. (1995): Der Original 100jährige Kalender (11.Auflage). München: Heyne MINI

Evangelische Kirche in Deutschland.(1999): Die Bibel. Luthertext.Stuttgart

Gerritzen, C. (1990): Lexikon der Bibel. Eltville am Rhein: Bechtermünz Verlag

Herr, A. (1998): Der 100jährige Kalender. Weyarn/Augsburg: Seehamer Verlag

Neues Grosses Lexikon A bis Z (1999): Neckarsulm: Mixing Verlag

Internetquellen:

Jupiter
URL: http://wiki.astro.com/astrowiki/de/jupiter [Stand: 11.08.2012]

Mars
URL: http://wiki.astro.com/astrowiki/de/mars [Stand: 11.08.2012]

URL:http://www.simsforfans.de/hundertjahriger-kalender-als-genaue-wettervorhersage/ [Stand: 10.08.2012]